AF240160

NOTICE

SUR

L'EAU MINÉRALE SALINE

PURGATIVE

DE

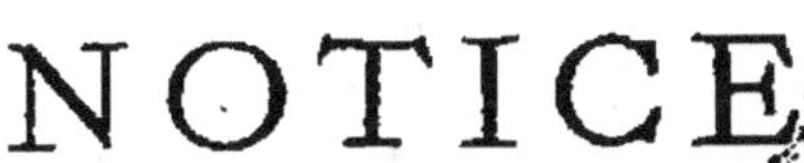

PÜLLNA

(BOHÊME)

TOPOGRAPHIE. — HISTORIQUE.

SOURCES ET ANALYSE — REMPLISSAGE DES CRUCHONS

EXPÉDITION

COMPOSITION CHIMIQUE DES EAUX DE PÜLLNA

INDICATIONS MÉDICALES

USAGE DE L'EAU AMÈRE DE PÜLLNA

VENTE A STRASBOURG

37, faubourg de Saverne, 37,

ET A PARIS

A la Compagnie de Vichy,

22, boulevart Montmartre, 22.

DÉCLARATION

La Direction constituée des Eaux amères de la commune de Püllna déclare, par la présente, avoir donné, à dater de ce jour, le dépôt général et exclusif pour toute la France, à l'honorable maison de commerce de M. **Louis Dreyfus**, à Strasbourg, et s'engage à ne plus vendre ni expédier un seul cruchon, ni à Paris ni à aucun endroit de la France.

En foi de quoi nous avons signé la présente, de notre propre main, et y avons apposé notre sceau.

Anton ULBRICH,

Directeur des Sources amères.

Püllna, près Brux, 1er décembre 1866.

EAU MINÉRALE SALINE

PURGATIVE

DE

PÜLLNA

(BOHÊME)

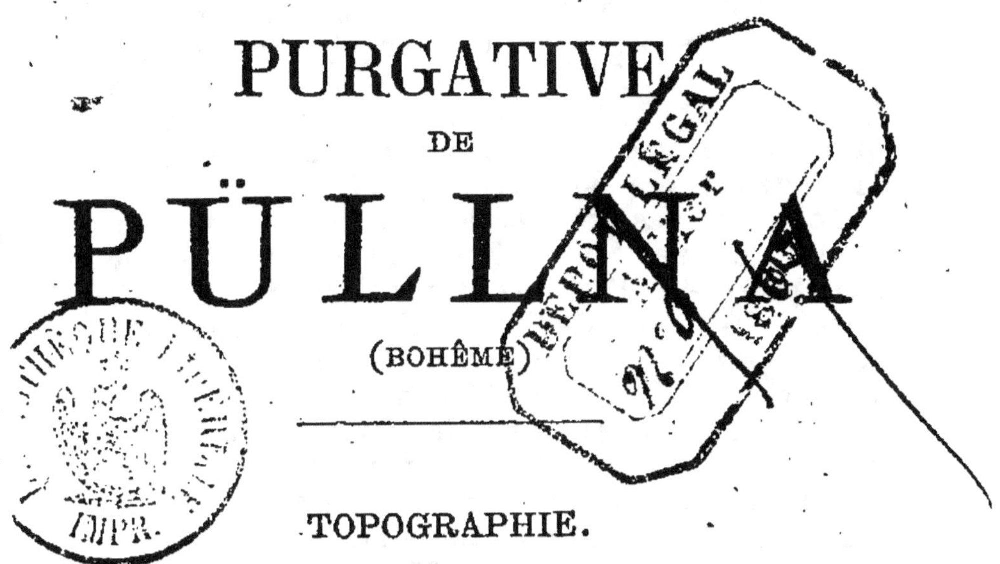

TOPOGRAPHIE.

Le cercle de l'Eger, en Bohême, embrasse dans ses limites les sources les plus célèbres de ce magnifique pays et entre autres celles de Püllna. La commune de Püllna, qui est propriétaire des sources, se trouve à 50° 28ᵐ de latitude nord et à 31° 16ᵐ longitude est.

La route qui relie Teplitz à Karlsbad passe à quelques centaines de pas seulement de la commune. Une bonne chaussée bordée d'arbres mène directement le voyageur aux sources et aux bâtiments d'exploitation de Püllna.

Les sources sont toutes situées dans une prairie d'environ 4 hectares, entourée de champs cultivés.

La ville la plus voisine (située environ à une lieue de Püllna) est Brüx, siége d'un tribunal, de la direction des mines, d'un gymnase, etc. Elle est à proximité de la ligne principale des chemins de fer autrichiens.

GÉOLOGIE.

Les environs immédiats de Püllna forment une plaine bordée de collines. Les couches supérieures du terrain sont formées par des produits volcaniques, appartenant à l'époque tertiaire. Les montagnes avoisinant Brüx, le Rœssl, le Breiteberg et le Schlossberg, forment pour ainsi dire un chaînon qui relie l'Erzgebirge aux embranchements du Mittelgebirge de Bohême.

Tout près des sources, dans la direction du midi, se trouve une colline isolée de basalte. Plus au sud encore et à l'ouest se trouve une série de collines, entre Laun et Bilin, à forme régulièrement conique, et composées soit de basalte, de schistes porphyriques ou de phonolithes.

Le terrain aux environs des sources présente de puissantes couches d'argiles métamorphiques qui s'étendent jusqu'au val de Serpentina et aux sources amères de Sedlitz et de Saidschütz.

Toute la contrée jusqu'à l'Eger contient des lits de lignite. A une petite profondeur au-dessous de la surface du sol, le terrain est formé d'une puissante couche de marne tertiaire contenant de nombreux cristaux de sulfures et de sulfates, et des fragments de basalte. Cette couche est pour ainsi dire l'*usine* où se prépare l'eau amère : l'eau pluviale, filtrant à travers le terrain, se charge des substances minéralisatrices. Les eaux ne surgissent donc pas de grandes profondeurs, et pour avoir des puits d'eau minérale, il ne faut pas dépasser la profondeur de 2 à 3 mètres à Püllna.

Cette circonstance a pour effet de produire une certaine variation dans la quantité des eaux, selon les influences météorologiques existantes. Pendant les années pluvieuses, l'eau minérale augmente ; elle diminue pendant les années de sécheresse, mais cependant jamais il n'y a eu pénurie d'eau à Püllna.

HISTORIQUE.

Les anciens habitants de Püllna savaient que les eaux étaient amères, qu'elles étaient impropres à la boisson et qu'elles occasionnaient la diarrhée; mais là se bornaient leurs connaissances.

Plus tard, on remarqua que pendant les grandes sécheresses, au printemps et en automne surtout, le sol et les maigres herbes qui avoisinaient les puits se recouvraient d'une efflorescence blanchâtre, saline et amère. On en conclut que les sources contenaient du sel amer, et la commune essaya d'en tirer profit, vers la fin du dernier siècle, en retirant le sel amer des eaux par l'évaporation. La vente de ce sel constituait, pour la commune de Püllna, le seul et maigre revenu de ces riches sources.

C'est à un négociant, *Adalbert Ulbrich*, de Brüx, qu'on doit la connaissance des propriétés médicales de ces sources. En 1800 il entreprit d'abord l'exploitation du sel; mais, en 1801, une analyse scientifique des eaux de Püllna, faite par le professeur de chimie *Mikan*, de Prague, fit entrevoir l'utilité thérapeutique de ces eaux. *Adalbert Ulbrich* conclut en 1818 avec la commune de Püllna un traité qui le rendait fermier des eaux pendant sept ans. Il en fit faire une analyse nouvelle par *Tromssdorff* (1819) et par *Steinmann* (même année). Il consacra sa fortune, péniblement acquise, à faire construire des bâtiments d'habitation, un hôtel, et à creuser de nouveaux puits. Plus tard il créa à Brüx une fabrique de cruchons pour l'exportation, nouvelle source de gain pour ses concitoyens.

Des envois gratuits d'eau de Püllna à toutes les maisons hospitalières des environs firent juger des vertus médicales de ces eaux. *Hufeland* la recommandait déjà vivement en 1822, et le docteur *Wetzler*, d'Augsbourg, la fit encore mieux connaître, dans une brochure publiée d'abord en 1825. D'autres médecins, *Killiches, Müller, Osann,* etc., ont tour à tour insisté sur l'emploi de ces eaux et en ont fait apprécier la valeur thérapeutique.

En 1825, le pacte de fermage fut renouvelé pour douze ans. Les bâtiments construits par M. Adalb. Ulbrich restèrent propriété de la commune, et le fermier fit construire de nouveaux bâtiments pour administrer des bains. Toutefois on supprima bientôt, et avec raison, ce dernier mode d'administration, à cause de la grande richesse minérale de l'eau, qui n'en permet l'emploi balnéaire que sur prescription expresse du médecin.

A différentes époques, Adalb. Ulbrich eut soin de faire faire de nouvelles analyses conformes aux progrès de la science ; ainsi Pleisehl, Struve, Barruel Ficinus furent appelés successivement en 1821, 1826, 1829 et 1837 à donner leurs analyses.

C'est aux efforts constants d'Adalb. Ulbrich que l'on doit l'extension qu'a pris l'usage de l'eau de Püllna. Favorisé, il est vrai, dans son entreprise par la fortune, il n'oublia pas de se montrer bienfaisant envers ses compatriotes. Des milliers de cruchons d'eau furent envoyés gratuitement chaque année aux hôpitaux et aux maisons de santé : toute création utile avait en lui un ardent promoteur et un donateur libéral. Lorsqu'en 1848 l'Autriche fut en face de dépenses extraordinaires et de recettes presque taries, le patriote déposa volontairement 2000 florins sur l'autel de sa patrie, et à sa mort, survenue la même année, il légua à la commune de Püllna la somme énorme (eu égard à sa fortune) de 20,000 florins pour la construction d'une chapelle et d'une école.

Après la mort de cet homme de bien, son fils aîné, Adalb. Ulbrich, géra pour la famille jusqu'en 1851 l'établissement de Püllna. En 1851, la nouvelle location échut à M. Antoine Ulbrich, fils cadet du fondateur. Le fils suit dignement les traces du père : les bâtiments sont agrandis, les routes élargies et améliorées, des embellissements nombreux entrepris, et tous les progrès accomplis depuis quelques années dans le mode de remplissage et d'envoi sont mis à profit.

Depuis quelques années l'esprit d'initiative de M. Ant. Ulbrich a donné une nouvelle impulsion à son entreprise par les nombreuses relations qu'il a su créer dans les principales villes de l'Europe, et surtout en confiant son dépôt exclusif pour toute la France à une des succursales de la Compagnie de Vichy (celle de Strasbourg) qui se trouve dans les meilleures conditions pour donner encore un plus grand développement à une eau appelée, comme celle de Püllna, à de grands et légitimes succès.

Pour atteindre son but et assurer à l'eau de Püllna la supériorité qu'elle mérite, M. Antoine Ulbrich ne recule devant aucun sacrifice; ainsi, en outre des dons généreux qu'il fait tous les ans aux hôpitaux de son pays, il vient tout récemment de faire offrir gratuitement et franco aux hôpitaux de Paris, la quantité de cruchons nécessaire pour s'assurer des résultats heureux qu'on en obtient tous les jours dans la pratique journalière.

Espérons qu'entre les mains intelligentes de M. Antoine Ulbrich la prospérité de cet établissement ne fera qu'augmenter et que la paix donnera au propriétaire actuel tous les loisirs nécessaires pour s'occuper des améliorations et des embellissements qu'il a l'intention d'exécuter.

SOURCES ET ANALYSE.

Le nombre des puits destinés à fournir de l'eau pour l'exportation est de *cinq*. Ces sources fournissent une quantité d'eau toujours suffisante : on les exploite, de préférence, puisqu'elles se trouvent dans le voisinage des bâtiments d'exploitation. On comptait autrefois vingt-quatre autres sources fournissant une eau d'égale composition et valeur thérapeutique, mais l'abondance d'eau des cinq premières et l'éloignement des autres a fait négliger ces dernières, dont on a même comblé quelques-unes.

Ces puits, de forme circulaire, sont creusés artificiellement dans le terrain de Püllna, jusqu'à la rencontre d'une argile bleue qui sert de support aux couches minéralisatrices.

La première couche que l'on traverse ainsi se trouve composée d'une terre végétale mélangée de fragments de roches pyroïdes et qui a une épaisseur de 60 centimètres environ.

La seconde couche est composée d'une marne jaunâtre : l'eau qui la traverse prend déjà une saveur amère. La puissance de cette couche est d'environ 60 centimètres, comme celle de la première.

La troisième couche, épaisse de 30 centimètres, est composée d'une marne argileuse jaunâtre.

La quatrième, composée également de marne argileuse, mais de couleur bleuâtre, a également 30 centimètres d'épaisseur.

La cinquième couche, d'une épaisseur de 1 mètre, est de nouveau composée d'une marne argileuse jaune.

La sixième couche enfin est composée de l'argile bleue : c'est à ce niveau que s'arrête le creusement des puits. La couche a environ 1^m 30 d'épaisseur et recouvre immédiatement les couches à lignites.

Les couches marneuses de la seconde jusqu'à la cinquième contiennent des masses amorphes nombreuses, formant des nids blanchâtres et dont la substance se dissout dans l'eau en lui communiquant un goût amer. On y trouve en outre des cristaux de feldspath, du basalte en décomposition, de l'argile métamorphique, etc. Tous les principes minéralisateurs de l'eau se trouvent donc réunis dans ces couches.

D'après Struve, ces marnes contiennent en 100 parties :

Silice............................ 54,56
Argilmine........................ 7,44
Oxyde de fer 5,90
Carbonate de chaux.............. 25,74
Sulfate de chaux................ 0,26
Chaux pure...................... 1,86
Magnésie........................ 1.44
Potasse......................... 1,54
Soude........................... 1,24

Ou, d'une autre manière :

Basalte décomposé 44,14
Sable quartzeux................ 32,98
Carbonate de chaux............. 22,88
Avec une petite quantité de sulfate de chaux.

Les parois intérieures des puits dont nous venons de parler sont recouverts artificiellement de cailloux qui dépassent d'un pied leur rebord externe. Les puits sont en outre entourés, pour les garantir des influences atmosphériques, de cabanes circulaires en bois. Lorsqu'on entre le matin, pendant la saison chaude, dans une de ces cabanes, en perçoit une odeur agréable de violettes qui se dissipe lorsque les portes restent ouvertes, mais reparaît le lendemain matin.

Tous les printemps, lorsque la neige est fondue et que les eaux de neige se sont écoulées, on vide complétement les puits ; l'eau y afflue bientôt de nouveau et en abondance, mais ce n'est qu'après que l'eau est suffisamment clarifiée que l'inspecteur des sources en permet le débit.

REMPLISSAGE DES CRUCHONS.

EXPÉDITION.

Le remplissage des cruchons a lieu du mois d'avril au mois d'octobre. Lorsqu'on prévoit des gelées, le remplissage est interrompu.

L'eau est d'abord versée dans de larges cuves en bois. On a soin de la laisser reposer et déposer les matières siliceuses qu'elle peut contenir.

Après quelques heures de repos dans les cuves, l'eau est mise dans les cruchons. Les cruchons portent l'inscription de **Püllnaer Bitterwasser** et le nom du propriétaire **Gemeinde Püllna**. Chaque cruchon passe d'abord à une inspection préliminaire et ce n'est que lorsqu'on l'a trouvé sans défaut qu'il est rempli, soigneusement bouché et couvert d'une capsule portant la marque : **Püllnaer Gemeinde Bitterwasser**.

Les cruchons sont petits ou grands : les premiers contiennent environ 800 grammes et les autres 1600 grammes de liquide.

COMPOSITION CHIMIQUE DES EAUX DE PULLNA.

Il est inutile dans une notice du genre de la nôtre d'entrer dans des détails sur les diverses analyses exécutées à des époques éloignées sur les eaux de Püllna.

L'analyse de *Barruel* nous paraît la plus exacte.

D'après ce chimiste, un litre d'eau de Püllna contient, supposé à l'état cristalisé, la quantité suivante de sels :

	Grammes.
Sulfate de soude	21.819
Sulfate de magnésie	33.556
Chlorure de sodium	3,000
Chlorure de magnésie	1,860
Sulfate de chaux	1,184
Carbonate de magnésie	0,540
Carbonate de chaux	0,010
Carbonate de fer	0,001
Matière organique	0,400
Total	62,370

L'eau de Püllna contiendrait donc par litre plus de 62 grammes de matières minéralisatrices et serait ainsi une des plus riches eaux minérales amères.

L'analyse postérieure de *Ficinus* n'a point modifié sensiblement les résultats obtenus par Barruel. *Ficinus* a seulement constaté la présence d'une quantité sensible de bromure de magnésium et d'un peu de lithine. Les gaz dissous dans l'eau sont l'acide carbonique, l'oxygène et l'azote.

Ces recherches démontrent que les sulfates de magnésie et de soude sont en prépondérance dans l'eau de Püllna, et que cette eau mérite d'être placée à la tête des eaux minérales de cette classe.

Les traces de lithine et de bromure de magnésium dans cette eau méritent l'attention des médecins; on sait le rôle important que joue le premier de ces corps dans les nombreuses maladies qui réclament l'emploi des alcalins, et combien les quantités très-minimes de lithine rendent les eaux qui en contiennent précieuses dans certains cas. Il en est de même du bromure de magnésium qui agit aussi d'une manière très-sensible même lorsqu'il se trouve à très-petites doses dans une eau minérale. Ces deux corps doivent donc jouer un rôle important dans l'administration de l'eau de Püllna et être pris en sérieuse considération.

INDICATIONS MÉDICALES.

USAGE.

De longues années d'expériences ont appris aux médecins le plus célèbres de l'Europe et des autres parties du monde que l'eau amère de Püllna est un remède d'une action douce, mais fortement résolutive et laxative, et qu'elle n'a point encore trouvé de supérieure ni même de rivale. On peut la conseiller en toute confiance dans les maladies suivantes :

1° Dans la CONSTIPATION SIMPLE des adultes et des enfants. Cette incommodité existe fréquemment

saus qu'il y ait en même temps d'autres symptômes morbides. L'eau de Püllna en est le remède le
plus simple et le plus efficace. *Chez les enfants
on administre de une à quatre cuillerées, jusqu'à
effet purgatif ; chez les adultes, de 100 à 200
grammes ;* les quantités peuvent être prises à la
fois ou en doses fractionnées.

Un sentiment de soulagement dans le bas ventre,
des mouvements plus actifs des intestins démontrent le commencement d'action du médicament.
Les selles se présentent quelquefois au bout d'une
demi-heure déjà ; ordinairement, au contraire, elles
n'apparaissent qu'au bout de trois à six heures. On
pourra juger ainsi s'il faut renouveler le remède à
la même dose ou s'il faut administrer des doses
plus considérables.

2º **LA PARESSE ABDOMINALE** est un état que l'on
peut considérer comme la répétition habituelle et
chronique de la constipation. On remarque surtout
cet état chez les personnes à vie sédentaire, tels que
savants, employés, artistes ou artisans, dans ce cas
il faut continuer l'usage de l'eau pendant plusieurs
jours ou même pendant des semaines, d'après une
méthode que nous indiquerons plus bas.

3º **L'ACCUMULATION DE MUCOSITÉS DE BILE OU DE
MATIÈRES ALIMENTAIRES NON DIGÉRÉES** dans le tube
digestif, état qui se traduit par une langue chargée,
un goût fade, nauséabond ou amer à la bouche, de
l'inappétence, des selles paresseuses ou peu abon-
dantes. Que cet état soit essentiel, ou qu'il indique
l'invasion d'une autre maladie, dans les deux cas
l'usage prolongé de l'eau de Püllna produira des
effets salutaires.

4º **LES FIÈVRES** qui accompagnent l'état décrit
sous le nº 3 et que l'on appelle habituellement *fièvres muqueuses, vermineuses, gastriques ou bilieuses,*
surtout lorsque les matières accumulées ne peuvent
plus être évacuées facilement ou complétement par
des vomitifs.

5º **LA FIÈVRE INFLAMMATOIRE SIMPLE**, lorsque aucun organe spécial n'est attaqué, et qui se caractérise simplement par de la chaleur, de la soif, de la fréquence du pouls, de la faiblesse, de l'inappétence et de la constipation. Dans ce cas, l'eau de Püllna agit par ses propriétés rafraîchissantes, calmantes et dissolvantes. Elle produit une dérivation par l'intestin et expulse comme laxative les matières nuisibles.

6º **LES INFLAMMATIONS** diverses de la tête et de la poitrine, dans les circonstances du moins où une méthode évacuante est indiquée, circonstances qu'il faut laisser complétement à l'appréciation d'un habile médecin.

7º **LES CONGESTIONS SANGUINES** des mêmes organes, qui arrivent si fréquemment dans l'enfance et la jeunesse, trouveront un remède adjuvant très-efficace dans l'eau de Püllna.

8ᵉ **LES CATARRHES** des voies respiratoires, depuis le corysa (rhume de cerveau) jusqu'aux variétés inflammatoires et fébriles que l'on nomme *grippe*, *influenza*, et *catarrhe épidémique*. L'usage de l'eau de Püllna est surtout avantageux lorsqu'au début de la maladie la sécrétion bronchique, peu abondante ou nulle, peut-être remplacée avantageusement par des évacuations abdominales artificielles.

9º **LES CAS DANS LESQUELS L'EMBONPOINT ET LA GRAISSE DÉPASSENT L'ÉTAT NORMAL ;** ces cas résultent ordinairement d'une nutrition défectueuse et peuvent être combattus par l'usage modéré de l'eau amère de Püllna, mais que l'on continuera longtemps. Cette eau agit alors non seulement en évacuant, pour ainsi dire, le trop-plein, mais encore en modifiant favorablement la nutrition et l'assimilation, sans produire d'effets défavorables, comme certains remèdes secrets ou le vinaigre, par exemple, en produisent souvent.

10º **MALADIES DU FOIE.** Ces maladies sont nombreuses et se produisent ordinairement sous l'influence d'un régime sédentaire, et à l'âge où les fonctions du bas-ventre et du foie en particulier sont sujettes à des maladies fréquentes; à savoir :

La *congestion hépatique* ou *gonflement*, avec sensation de plénitude, de poids et d'oppression au côté droit de l'abdomen, surtout si cette sensation se présente après le repas ou l'exercice que l'on se donne, et lorsque les selles sont irrégulières.

L'afflux du sang vers le foie et ses enveloppes avec commencement d'inflammation, douleur et point de côté, sensation de chaleur pendant l'inspiration, ou par la pression exercée sur la région du foie et amertume de la bouche, soif et chaleur sèche à la peau.

La *jaunisse*, dont les signes caractéristiques sont : la coloration jaune de la peau et du blanc de l'œil ; les selles grises ou blanchâtres ; les urines d'un brun plus ou moins foncé ; le goût plus ou moins amer, fade ou même salé que le malade ressent. Dans ces cas il faut éviter l'administration des eaux amères, lorsqu'il y a coïncidence de diarrhée.

Enfin à la suite des divers états que nous venons de passer en revue, il peut se produire un état *d'engorgement* ou, pour mieux dire, *d'induration* du foie qui peut être traité avec avantage par l'eau de Püllna, surtout quand le foie ne s'est point *rétréci* ou *atrophié* et que son tissu ne s'est point altéré.

Nous pouvons ranger sous la même rubrique diverses coliques hépatiques, surtout celles qui sont produites par des calculs biliaires.

11° LA DOULOUREUSE HYPOCONDRIE. Les malades atteints de cette affection éprouvent tous les maux dont ils entendent parler ou sur lesquels on vient à les interroger ; mais les maux qu'ils accusent varient du jour au jour et ne présentent pas le caractère d'une maladie caractéristique. En général, ils se plaignent de flatuosités et prétendent ne pouvoir supporter ni certains aliments ni certaines boissons, auxquels ils attribuent presque toujours les maux qu'ils éprouvent. Ils se plaignent fréquemment de pesanteurs dans les lombes, d'élancements, de maux de tête, de faiblesse. D'un caractère excitable, ils sont ordinairement de mauvaise humeur et ne peuvent se plaire que dans la société des personnes qui les plaignent de leurs maux. Beaucoup de ces maux n'existent cependant que dans l'imagination du malade ; il faut toutefois avouer que tout n'est pas imaginaire et que souvent il existe une indisposition réelle. Ordinairement cette indisposition dépend de digestions difficiles et de constipations, et comme ces inconvénients sont dissipés par les évacuants, l'expérience a prouvé surabondamment que les eaux de Püllua produisent un excellent effet contre l'hypocondrie elle-même, que cette maladie dépende d'altérations des plexus nerveux du bas-ventre, ou d'une irrégularité dans la circulation ou de toute autre cause inconnue pourvu qu'il y ait constipation ou paresse abdominale.

12o **L'HYSTÉRIE** maladie analogue à la précédente, mais particulière au sexe féminin. Les malades sont presque toujours soit des célibataires ayant dépassé la première jeunesse, soit des femmes mariées sans enfants, à vie sédentaire, aimant beaucoup le café et oubliant ordinairement pendant toute la semaine de boire une simple gorgée d'eau. Dans ce cas, il y a toujours une lésion dans les fonctions sexuelles ou dans la menstruation. Si ces personnes sont d'une constitution robuste, si elles sont atteintes en même temps de paresse dans les fonctions intestinales, l'eau de Püllna procurera, comme pour les cas précédents, un soulagement et une amélioration marquée.

13o **LES MALADIES HEMORRHOIDAIRES.** On croit généralement que ces maladies sont occasionnées par un arrêt du sang dans les veines du rectum et des parties avoisinantes ; que de là résulte une agglomération de sang dans ces vaisseaux, qui finit par se traduire au dehors par des selles avec perte de sang, ou bien par la formation de mamelons ou de bourgeons sanguinolents autour de l'anus, et par des maux divers, tels que maux de reins, chaleur et ardeur dans le bas-ventre, etc.

D'autres fois il se produit une *sécrétion surabondante de mucosités* (glaires), soit dans le gros intestin, soit dans la vessie urinaire ou les organes génitaux, se traduisant au dehors par des évacuations alvines dures, mais enveloppées de mucosités, par des urines épaisses, troubles, et de la pesanteur à la région vésicale, ou bien encore par des écoulements muqueux des parties génitales. Ces différentes affections sont connues sous le nom d'*hémorrhoïdes muqueuses*, et l'on peut prescrire en toute sécurité, pour les combattre, l'eau de Püllna.

14° **LES HÉMORRHOIDES IRRÉGULIÈRES OU ANOMALES** où le sang ne s'écoule point par les voies désignées plus haut, mais où il se présente, par exemple, à certains intervalles des crachements d'un sang noirâtre, coagulé et mélangé, ou revêtu de mucosités tenaces, accompagnés de difficulté dans la respiration et d'oppression. Le point de côté, l'oppression, diminuent rapidement sous l'influence de l'eau de Püllna, surtout si, comme cela arrive le plus fréquemment, ces symptômes sont accompagnés de difficultés dans la digestion et la défécation. On obtient le même résultat dans ces cas de douleurs *subites de reins*, qui, en l'absence d'autre maladie, rendent si pénibles la marche et les autres mouvements du bassin.

15° **IRRÉGULARITÉS DE LA MENSTRUATION,** arrêts ou apparitions tardives, flux muqueux, etc., chez les personnes bien nourries, pléthoriques, mais qui mènent une vie sédentaire, inactive, et se donnent peu de mouvement.

16° PLÉTHORE GÉNÉRALE ET CIRCULATION TROP ACTIVE. Les personnes atteintes de ces affections sont sujettes après l'usage d'une quantité même modique de café, de bière ou de vin, à divers symptômes, tels que chaleur, accélération du pouls, plénitude veineuse ; elles éprouvent des battements de cœur, des vertiges, de l'anxiété et de l'excitation, mais se fatiguent facilement, deviennent somnolentes et incapables de se livrer à un travail corporel ou intellectuel. Chez ces personnes l'eau de Püllna sert de remède essentiellement tempérant, surtout si leurs maux sont accompagnés de dérangements dans les fonctions digestives.

17° LA GROSSESSE n'est point, il est vrai, une maladie, mais elle occasionne souvent, surtout vers la fin, à cause de la compression des organes internes, une pléthore ou congestion sanguine locale, à laquelle vient se joindre fréquemment une *constipation* pénible. Au lieu d'avoir recours à la saignée, on peut employer en toute sécurité l'eau de Püllna à dose moyenne.

18° MALADIES DES GLANDES. Chez les enfants gras qui présentent des gonflements glandulaires, surtout dans l'abdomen et lorsqu'il n'y a point encore de sécheresse à la peau, un aspect de vieillesse, ou bien une dureté trop grande ou une suppuration des glandes, enfin quand il n'y a point de diminution dans la nutrition et de commencement d'amaigrissement.

19° MALADIES DE LA PEAU ET ÉRUPTIONS. Lorsque ces maladies sont fébriles, on ne peut employer l'eau de Püllna qu'au début et pour combattre la constipation. Dans les maladies chroniques et sans fièvre, on peut l'employer comme médication alternante et pour préparer les organes à des médicaments appropriés. Ces cas peuvent se présenter chez les enfants comme chez les adultes.

20° HERNIES ÉTRANGLÉES. On ne peut ordinairement, dans ces cas, prescrire de remèdes pharmaceutiques énergiques à cause du danger qu'il y a à provoquer des vomissements. L'eau de Püllna peut dans ces cas être recommandée en lavement.

21° MALADIES MENTALES & ALTÉRATIONS PSYCHIQUES

Déjà l'hypocondrie et l'hystérie, comme nous l'avons fait remarquer plus haut, sont des maladies qui altèrent le caractère et l'humeur du patient, et qui sont modifiées favorablement par l'usage de l'eau de Püllna. *Quant aux affections mentales proprement dites, les statistiques fournies par les directions de divers établissements d'aliénés démontrent hautement l'excellence de cette médication.*

22° On pourrait encore nommer une foule de maladies qui sont heureusement modifiées par l'usage de l'eau de Püllna. Nous ne voulons plus parler que d'une seule espèce d'indisposition : c'est celle qui suit un excès, quelquefois inévitable, de boissons alcooliques, telles que vin, bière, etc., avec ou sans tabac, dans ces réunions nocturnes où l'on abuse un peu des jouissances matérielles.

USAGE DE L'EAU AMÈRE DE PÜLLNA

La dose des eaux varie d'après la nature de la maladie, d'après l'âge, le sexe, la constitution et l'état du malade. On en prend habituellement depuis un verre jusqu'à un demi-cruchon. Elle se donne aux enfants et aux personnes faibles en doses généralement moins fortes.

Consulter le médecin sur les heureuses applications de ce purgatif naturel.

Sous presse :

DEUXIÈME ÉDITION

DU

GUIDE DU MÉDECIN

ET DU TOURISTE

AUX BAINS DE LA VALLÉE DU RHIN, DE LA FORÊT-NOIRE ET DES VOSGES

Par le Docteur **A. ROBERT,** rédacteur en chef de la *Revue d'hydrologie médicale française et étrangère.*

. . . .

Dans cette nouvelle édition sont compris les bains de la vallée du Rhin jusqu'à Kreuznach, ceux du duché de Nassau et de tous les Etats compris dans cette zône.

Cet ouvrage, qui aura 400 pages environ, sera donné en prime à tous les abonnés de la **Revue**, moyennant 2 fr. au lieu de 4 fr., prix de l'ouvrage en librairie.

PRIX : 4 FRANCS.

PARIS, LIBRAIRIE HACHETTE

ET DANS LES GARES DES CHEMINS DE FER

SUCCURSALE

DE LA

Compagnie fermière de l'Etablissement thermal de Vichy

A

STRASBOURG

Ecrire 37, Faubourg de Saverne.

ENTREPOT GÉNÉRAL
37, FAUBOURG DE SAVERNE.
MAGASIN DE DÉTAIL, 1, PLACE BROGLIE.

ENTREPOT

De toutes les Eaux minérales naturelles
Françaises et Etrangères

A PRIX REDUITS

EXPEDITION DES EAUX MINÉRALES
DE

VICHY

(SOURCES DE L'ÉTAT)

GRANDE-GRILLE — HOPITAL — CÉLESTINS
HAUTERIVE — PARC — MESDAMES

SUCCURSALE A STRASBOURG

DE LA

COMPAGNIE FERMIÈRE DE L'ÉTABLISSEMENT THERMAL DE VICHY

SOCIÉTÉ ANONYME

ADMINISTRATION :

22, Boulevard Montmartre, Paris.

Caisse de **50** Bouteilles d'Eau de Vichy

RENDUE FRANCO A DOMICILE PAR LA SUCCURSALE

38ᶠ

RENDUE :

A Altkirch	39 60	A Metz.........	40 25
Bar-le-Duc ..	40 40	Montbéliard.	39 85
Bar-sur-Aube	41 »	Nancy.......	39 80
Belfort......	39 35	Plombières ..	41 60
Chaumont...	40 80	Saint-Dié....	39 85
Colmar......	39 10	Thionville...	40 25
Commercy...	40 30	Toul.........	40 25
Epinal	40 10	Verdun......	42 35
Langres	40 80	Vesoul.......	40 25
Lunéville....	39 50	Wissembourg	39 10

SELS ET PASTILLES DE VICHY

MÊME PRIX QU'A L'ÉTABLISSEMENT THERMAL.

Tous les produits de la Compagnie fermière de l'Etablissement thermal de Vichy sont fabriqués sous la surveillance et le

CONTROLE DE L'ETAT.

Les Sources de Vichy, même celles qui ont les plus d'analogie entr'elles, ne s'employant pas indistinctement, nous avons jugé utile de donner les indications relatives aux diverses maladies pour lesquelles chaque source est plus spécialement prescrite.

GRANDE-GRILLE.

Température 42° degrés centigrades. — Est administrée avec succès dans les affections lymphatiques, les maladies des voies digestives, les engorgements du foie et de la rate, les obstructions viscérales, suite des fièvres paludéennes, les calculs biliaires, la gravelle, etc.

HOPITAL.

Température, 31 degrés centigrades. — Cette source offre beaucoup d'analogie avec la Grande-Grille, et convient mieux aux malades délicats, susceptibles, nerveux ou disposés aux congestions et aux hémorrhagies. Cette source agit principalement dans les affections des voies digestives (pesanteur d'estomac, digestions difficiles, inappétence, gastralgie), métrites chroniques, tumeurs des ovaires, etc.

PUITS-CHOMEL.

Température, 45° degrés centigrades. — Prescrite plus spécialement aux personnes atteintes de catarrhe pulmonaire, de dyspnée nerveuse ou simplement de susceptibilité des organes respiratoires.

CÉLESTINS.

Température, 14 degrés centigrades. — Affections des reins, de la vessie, gravelle, calculs urinaires, goutte, diabète.

HAUTERIVE.

Température, 15 degrés centigrades. — Cette source prescrite comme l'eau des Célestins, est souveraine contre les affections des reins, de la vessie, contre la gravelle, les calculs urinaires, la goutte, le diabète, l'albuminurie. Cette source, par la prédominance de l'acide carbonique, est la plus propre à remplacer à distance l'eau de Vichy qui ne peut être prise sur place; sa sapidité remarquable et la facilité avec laquelle

elle est supportée par l'estomac, ne la recommandent pas moins que les excellents résultats thérapeutiques qu'elle fournit.

SOURCE DE MESDAMES.

Température 16 degrés centigrades. — A des propriétés tout à fait spéciales, en raison **des principes ferrugineux** qu'elle contient. Cette eau est administrée avec succès contre l'appauvrissement du sang, la chlorose ou pâles couleurs, les flueurs blanches, les convalescences difficiles, l'adynamie. Elle convient aux tempéraments nerveux, qui ont besoin tout à la fois d'une médication fortifiante et sédative.

SOURCE DU PARC.

Température, 22 degrés centigrades. — Sa richesse en acide carbonique la rend d'une digestion facile, et, comme celle d'Hauterive, *appropriée à l'exportation.*

Par leurs propriétés excitantes et altérantes à la fois, les mêmes sources offrent souvent les plus grands contrastes ; ainsi, suivant la nature des personnes et des maladies, elles déterminent calme ou excitation, sommeil ou insomnie, diarrhée ou constipation ; elles appaisent ou réveillent certaines douleurs chroniques, fortifient ou affaiblissent, font maigrir ou engraisser. Il y a donc nécessité absolue de toujours soumettre aux médecins la direction d'un traitement que seuls ils peuvent convenablement apprécier, car l'expérience démontre tous les jours que, sous l'influence de certaines conditions de sexe, d'âge et de constitution, les Eaux peuvent quelquefois se suppléer utilement, c'est dans leur choix comme dans leur usage que la direction d'un médecin est indispensable.

Vichy. — Imp. WALLON.

www.ingramcontent.com/pod-product-compliance
Lightning Source LLC
LaVergne TN
LVHW010505060726
842527LV00005B/1883